Stahlbetonerhaltung

Bernhard Wietek

Stahlbetonerhaltung

Erkennen – Messen – Erhalten

Bernhard Wietek
Sistrans, Österreich

ISBN 978-3-658-27708-6   ISBN 978-3-658-27709-3 (eBook)
https://doi.org/10.1007/978-3-658-27709-3

Die Deutsche Nationalbibliothek verzeichnet diese Publikation in der Deutschen Nationalbibliografie; detaillierte bibliografische Daten sind im Internet über http://dnb.d-nb.de abrufbar.

Springer Vieweg
© Springer Fachmedien Wiesbaden GmbH, ein Teil von Springer Nature 2019
Das Werk einschließlich aller seiner Teile ist urheberrechtlich geschützt. Jede Verwertung, die nicht ausdrücklich vom Urheberrechtsgesetz zugelassen ist, bedarf der vorherigen Zustimmung des Verlags. Das gilt insbesondere für Vervielfältigungen, Bearbeitungen, Übersetzungen, Mikroverfilmungen und die Einspeicherung und Verarbeitung in elektronischen Systemen.
Die Wiedergabe von allgemein beschreibenden Bezeichnungen, Marken, Unternehmensnamen etc. in diesem Werk bedeutet nicht, dass diese frei durch jedermann benutzt werden dürfen. Die Berechtigung zur Benutzung unterliegt, auch ohne gesonderten Hinweis hierzu, den Regeln des Markenrechts. Die Rechte des jeweiligen Zeicheninhabers sind zu beachten.
Der Verlag, die Autoren und die Herausgeber gehen davon aus, dass die Angaben und Informationen in diesem Werk zum Zeitpunkt der Veröffentlichung vollständig und korrekt sind. Weder der Verlag, noch die Autoren oder die Herausgeber übernehmen, ausdrücklich oder implizit, Gewähr für den Inhalt des Werkes, etwaige Fehler oder Äußerungen. Der Verlag bleibt im Hinblick auf geografische Zuordnungen und Gebietsbezeichnungen in veröffentlichten Karten und Institutionsadressen neutral.

Lektorat: Frieder Kumm

Springer Vieweg ist ein Imprint der eingetragenen Gesellschaft Springer Fachmedien Wiesbaden GmbH und ist ein Teil von Springer Nature.
Die Anschrift der Gesellschaft ist: Abraham-Lincoln-Str. 46, 65189 Wiesbaden, Germany

Inhaltsverzeichnis

1	Einleitung	1
2	Grundprinzip des Stahlbetons	3
3	Gefährdung des Baustoffes	7
	3.1 Bruch aus Überbelastung	7
	3.2 Brand	8
	3.3 Korrosion der Bewehrung	9
4	Überwachungsmethoden	15
5	Messmöglichkeiten	17
	5.1 geometrisch	17
	5.2 chemisch	17
	5.3 elektrisch	18
6	traditionelle Erhaltungsmethode	23
7	elektrochemische Erhaltungsmethode	25
8	Lebenszyklus	29
9	Wirkungen auf die Umwelt	35
	Anhang	39

1 Einleitung

Jedes Bauwerk sollte so lange wie möglich für seinen Besitzer funktionieren und dabei nur geringe Kosten in der Erhaltung benötigen. Bei Fahrzeugen ist dies üblich, dass nach dem Kauf die Erhaltung durch Inspektion regelmäßig untersucht wird. Schon beim Kauf wird darauf Rücksicht genommen und die laufenden Kosten wie Verbrauch (Kraftstoff oder Energie) und Wartung auch mit bewertet. Eine solche Betrachtungsweise sollte auch bei Bauwerken vorgenommen werden.

Stahlbeton ist ein relativ junger Baustoff, der seit ca. 160 Jahren eingesetzt wird. Da er ein Verbundbaustoff von Beton und Bewehrungsstahl ist, hat er auch ein anderes Stoffverhalten als die meisten Baustoffe. Auf dieses Verhalten wird in einem eigenen Kapitel besonders eingegangen.

Der Beton (bestehend hauptsächlich aus Sand-Kies-Gemisch, Zement und Wasser) schwindet während der Erhärtungsphase und sein Wasser wird in dem chemischen Prozess großteils umgewandelt. Bei dieser Umwandlung schrumpft das Volumen und es entstehen Risse, die nicht ganz unter Kontrolle gebracht werden können. Aus diesem Grund wird dem Beton keine Zugspannung zugeordnet, da man nicht gesichert weiß wie hoch die aufnehmbaren Zugspannungen sind. Es wird somit angenommen (durch Versuche auch bestätigt), dass der Beton bei Biegebeanspruchung in der Zugzone reißt.

Der Bewehrungsstahl übernimmt die im Querschnitt auftretenden Zugkräfte. Da die Verformung des Stahls unter Zug größer ist als der Beton mitmachen kann, reißt der Beton an der übergroßen Dehnung des Stahls im Zugbereich eines Querschnittes.

Bei der Erhaltung eines Bauwerkes spielen nun diese Risse eine entscheidende Rolle. In diese Risse kann Feuchtigkeit eindringen und somit bis zur Bewehrung vordringen. Der Schutz der Bewehrung besteht hauptsächlich aus dem basischen Zustand des Betons (pH-Wert >12). Da nun Feuchtigkeit und Fremdstoffe wie Chloride (Winterstreusalz) an den Bewehrungsstahl kommen, ist der Korrosionsschutz nicht mehr vollkommen gewährleistet. Es wird mit der Zeit zu Korrosion des Stahles kommen. Mit der Korrosion entsteht eine Querschnittseinengung des Stahls, welche die aufnehmbare Zugspannung vermindert.

Es treten an der Oberfläche Roststellen auf, die sich mit der Zeit zu Rostfahnen weiterentwickeln und letztendlich platzt der Beton (Überdeckungsbereich) ab und es ist kein Schutz mehr für die Stahlbewehrung vorhanden.

Spätestens bei einem solchen Bild der Stahlbetonkonstruktion wird klar, dass eine Sanierung des Bauteiles unerlässlich ist. Es muss nun die Gefährdung des Bauteiles aufgenommen werden und dazu werden Erhebungen durchgeführt, die die einzelnen Gefahrenarten gegenseitig abgrenzen. Dazu stehen mehrere Überwachungsmethoden (optisch, geometrisch und elektrochemisch) zur Verfügung, die einzeln angewendet werden. Zusätzlich werden dabei geometrische, chemische und elektrische Messmöglichkeiten eingesetzt, um auch eine zeitliche Veränderung des Zustandes des Bauteils zu ermitteln.

Nach der Ermittlung der Schädigung eines Bauteils ist die Sanierungsmethode festzulegen. Dabei gibt es für den Fall der Korrosion der Bewehrung zwei Methoden, die recht unterschiedlich sind:

- traditionelle Erhaltungsmethode:
  es werden alle Betonteile bis zur Bewehrung entfernt, diese geschützt und der Beton wieder aufgebracht
- elektrockemische Erhaltungsmethode:
  das Bewehrungseisen wird durch dauerhafte Elektronenzugabe an einer weiteren Korrosion gehindert

Wenn diese beschriebene Sicht der technischen Möglichkeiten weitergehend sind als die derzeitigen Normen, so ist die Ursache bei der Entstehung der Normen zu suchen, die von Interessensgruppen gesteuert wird. Es fehlen die neuesten technischen Möglichkeiten, die eine bessere Nutzung von Stahlbeton aufzeigen können, und somit auch diesbezüglich zu erheblichen Einsparungen führen können.

Es werden in weiterer Folge diese Erhaltungsmethoden für zwei Einsatzbereiche durchkalkuliert und somit Lebenszykluskosten ermittelt. Es zeigt sich dabei eine große Differenz, die aus den unterschiedlichen Erhaltungsmethoden entsteht. Bei der Auswahl der Erhaltungsmethode für ein gegebenes Bauwerk wird empfohlen, die Entscheidung des Systems von den Lebenszykluskosten abhängig zu machen.

Letztendlich wird noch ein Blick auf die Umwelt durchgeführt, der zeigt welche Problematik aus diesem Gesichtspunkt bei Anwendung der unterschiedlichen Erhaltungsmaßnahmen auch entstehen kann.

2 Grundprinzip des Stahlbetons

Stahlbeton ist ein Verbundbaustoff, der aus Beton und Stahl besteht. Da beide Baustoffe unterschiedliche Trageigenschaften haben ergänzen sie sich in der Tragwirkung gut. Dies hat aber Auswirkungen auf die Berechnung und Verformung des Baustoffes.

Eine übliche Spannungsverteilung in einem Querschnitt bestehend aus einem gleichmäßigen Material ist nachfolgend dargestellt.

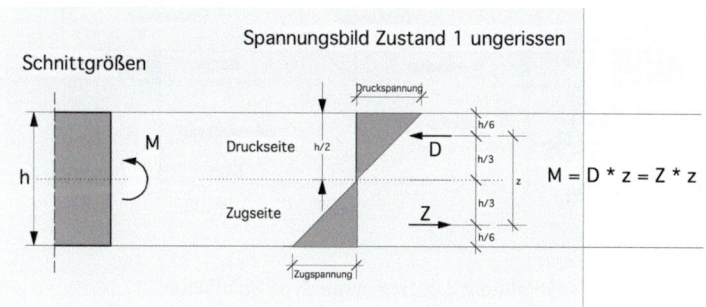

Abbildung 2.1: Bemessung von Baustoffen

Bei Stahlbeton sieht diese Darstellung ganz anders aus. Da der Beton während des Erhärtens schrumpft, entstehen sogenannte Schrumpfrisse. Diese entstehen, da der Frischbeton innere Zugspannungen beim Abbinden erzeugt (durch Volumsverminderung infolge des chemischen Prozesses), die er nicht aufnehmen kann.

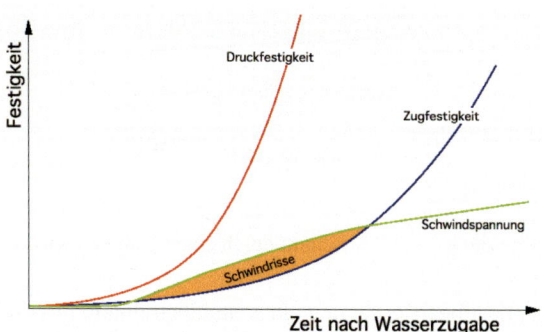

Abbildung 2.2: Beton in der Abbindephase

© Springer Fachmedien Wiesbaden GmbH, ein Teil von Springer Nature 2019
B. Wietek, *Stahlbetonerhaltung*, https://doi.org/10.1007/978-3-658-27709-3_2

Der Frischbeton erzeugt unkontrollierte Risse (Schwindrisse) die zwar durch die Nachbehandlung des Betons etwas beeinflusst werden können, jedoch nicht ganz. Es ist daher ungewiss wie viele Risse entstanden sind. Daher wird beim Stahlbeton in der statischen Berechnung keine Zugkraft dem Beton zugeordnet.

Generell übernimmt der Beton die Druckkräfte bis zu seinen zulässigen Werten, der Stahl übernimmt die gesamten Zugkräfte. Da der Stahlbeton einen Gesamtkörper darstellt, wird angenommen, dass der Beton keine Zugspannungen aufnehmen kann und damit bei Zug reißt. Somit wird der Beton nur im Druckquerschnitt ausgenutzt. Dies ist allgemein unter dem Zustand 2 mit gerissener Zugzone zu verstehen.

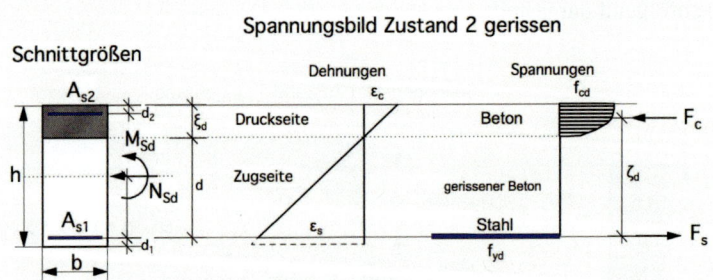

Abbildung 2.3: Bemessung von Stahlbeton

Die Risse im Betonquerschnitt des Stahlbetons haben nun Auswirkungen auf die Eigenschaften des Stahlbetons, die beachtlich sind und bei der Planung eines Bauwerkes unbedingt zu berücksichtigen sind. Eine vereinfachte Darstellung eines Stahlbetonträgers im Längsschnitt macht deutlich, dass hier kein einheitliches Material mehr vorliegt, sondern es muss auf die Risse mit deren Öffnungen Rücksicht genommen werden.

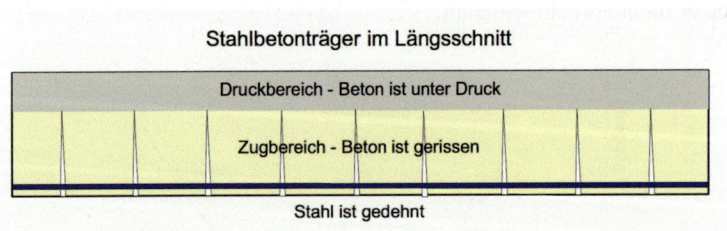

Abbildung 2.4: Längsschnitt durch einen Stahlbetonbalken

Es entstehen hier bei Biegebeanspruchung eines Stahlbetonbauteiles drei unterschiedliche Bereiche, die eigens zu betrachten sind, da deren Eigenschaften für den Bauteil unterschiedliche Auswirkungen haben:

1. **Betondruckbereich:** es gelten hier die Festigkeitswerte und auch der E-Modul, der Bereich wird wie ein einheitlicher Baustoff berechnet.

2. **Zugbereich Beton:** hier sind Risse, die den Beton durchziehen. Damit ist der Körper nicht mehr einheitlich und kann nur vermindert Kräfte aufnehmen. Dies sind Schubkräfte, die jedoch auch hauptsächlich von der dafür eigens angeordneten Stahlbewehrung übertragen werden. Wesentliche Funktion des gerissenen Betons ist, den Abstand zwischen Druckbereich und der Stahlbewehrung zu garantieren. Sehr nachteilig dabei sind die Risse, die es ermöglichen, dass Wasser eindringen kann und damit den Stahl auf Rissbreite freilegt. Somit ist der Stahl nicht mehr durch den Beton geschützt, und es kommt zur Korrosion des Stahls.

3. **Bewehrungsstahl:** infolge der Übernahme der Zugkräfte dehnt sich der Stahl mehr als der ihn umgebende Beton, dies führt zu den Rissen im Beton. Dadurch ist eine erhöhte Korrosionsgefahr gegeben. Besonders bei vorhandenen Chloriden durch Salzstreuung im Winterdienst bei Straßen wird die Korrosion extrem gefördert. Es entsteht dabei sogar der gefürchtete Lochfraß, der eine sehr schnelle Korrosionsart ist.

Die Risse im Beton haben bei feuchter und nasser Umgebung die unangenehme Eigenschaft, dass Wasser eindringen kann und somit im gerissenen Querschnitt die Wasserdichtheit von Stahlbeton nicht mehr gegeben ist. Dies hat zur Folge, dass für eine geforderte Wasserdichtheit nur mehr der Bereich der Druckzone des Stahlbetons herangezogen werden kann. Besonders bei Kellerwänden ist dies der Fall. Hier wäre zu prüfen, ob mit einem anderen Konstruktionsmaterial und/oder einer zusätzlichen Wandabdichtung eine günstigere Lösung gefunden werden könnte. In den meisten Fällen erhöht eine geforderte Wasserdichtheit den Querschnitt über das statisch notwendige Maß eines Bauteiles und ist somit nicht kostensparend.

Abbildung 2.5: Brückenfuge mit Korrosion

Abbildung 2.6: gerissene Spanndrähte infolge Korrosion

Mit dem Wasser können natürlich auch andere Fremdstoffe eingetragen werden, die entweder mit dem Wasser oder durch Vernebelung eingespült werden. Dies ist neben der Wasserdichtheit besonders für die Stahlbewehrung wichtig, denn diese wird durch den pH-Wert des Betons (>12) geschützt. Fällt durch eindringende Fremdstoffe (saurer Regen) der pH-Wert unter 9, so korrodiert der Stahl dort örtlich.

Eine zusätzliche unangenehme Störung des Systems Stahlbeton ist, wenn Chloride an die Oberfläche bzw. in die Risse kommen. Dies ist bei Straßenbauten wie Stützmauern und Brücken gegeben, denn im Winter wird durch die Salzstreuung sehr viel Chlorid an die Oberfläche des Stahlbetons gestreut. Auch durch den durch die Fahrzeuge entstehenden Sprühnebel wird das Chlorid an die Oberfläche eines Bauwerkes (z.B. Untersicht von Brücken) befördert. Dringt das Chlorid an den Stahl entsteht zwingend Korrosion (Lochfraß), welcher sehr rasch zur Querschnittszerstörung des Stahles führen kann.

Abbildung 2.7: Korrosion an Bewehrung

Abbildung 2.8: Lochfraß bei Bewehrung

Diese Wirkungen bei Rissen im Stahlbeton haben auf die Erhaltung des Bauwerkes und auch auf die Gebrauchszeit einen entscheidenden Einfluss. So sind gerade Stahlbetonbauten im Bereich von Straßen mit Winterdienst besonders betroffen und hier sollte man bereits in der Planungsphase Rücksicht auf diese Veränderungen der Bauqualität nehmen.

3 Gefährdung des Baustoffes

Jeder Baustoff kommt irgend wann einmal an seine Grenzen und steht dann nicht mehr der gewünschten Nutzung zur Verfügung. Bei Stahlbeton gibt es vornehmlich drei Erscheinungen, die die Gebrauchszeit entscheidend beeinträchtigen:

1. Bruch aus Überlastung

2. Brand

3. Korrosion der Bewehrung

Jeder dieser Möglichkeit muss im Vorfeld geprüft werden, ob dessen Einfluss auf die Konstruktion einen mehr oder weniger großen Einfluss hat.

3.1 Bruch aus Überbelastung

Wird ein Bauteil zu großen äußeren Kräften ausgesetzt, so versagt die Tragwirkung. In vielen Fällen sind diese Kräfte die Folge von folgenden Ursachen:

- Stoßbelastung aus Unfall

- Naturgewalt (Erdbeben, Murgang, Felssturz)

- chemischer Angriff (Säuren)

Abbildung 3.1: eingestürztes Bauwerk nach einem Erdbeben

© Springer Fachmedien Wiesbaden GmbH, ein Teil von Springer Nature 2019
B. Wietek, *Stahlbetonerhaltung*, https://doi.org/10.1007/978-3-658-27709-3_3

Es kommt bei Stahlbeton zu einem Versagen, bei dem große Verformungen auftreten bevor es zu einem Bruch kommt. Die Stahleinlagen halten meist die Bruchteile noch zusammen, sodass im eingestürzten Bauteil noch Zwischenräume entstehen, die eine Durchlüftung ermöglichen. So ist bei eingestürzten Stahlbetonbauten meist noch eine tagelange Möglichkeit des Überlebens gegeben, was bei Katastrophen zu Rettungseinsätzen bis zu zwei Wochen führen kann.

3.2 Brand

Bei Brand wirken von außen auf den Stahlbeton extrem hohe Temperaturen. Der Beton leitet nur langsam diese Temperaturen nach innen weiter. Wird jedoch der Stahl erhitzt, so kommt es beim Stahl zu folgenden Erscheinungen:

- durch Dehnung des Stahls kommt es zum Abplatzen der Betondeckung

- ab ca. 200 Grad C sinken die Steifigkeits- und Festigkeitskennwerte des Stahls beträchtlich

- bei etwa 500 Grad C sinkt die Fließgrenze des Stahls auf die vorhandene Stahlspannung

- bei Spannstahl ist diese Grenze bei 350 Grad C

Abbildung 3.2: Tunnelbrand - explosionsartige Hitzeentwicklung

Werden diese kritischen Temperaturen erreicht, so ist die Tragfähigkeit des betroffenen Bauteils erschöpft. Das Bauteil wird extreme Risse bekommen und sich dabei stark verformen und in weiterer Folge vollkommen versagen - zu Bruch gehen.

Es wird daher dringend empfohlen, nach einem Brand die einzelnen Bauteile überprüfen zu lassen, ob diese Temperaturen im Bauteil vorhanden waren, denn dies ermöglicht eine Entscheidung, ob das Bauteil weiter genutzt werden kann.

3.3 Korrosion der Bewehrung

Was soll's. Die Stahlbetonbauwerke rosten ja doch weiter. Und nach 50 Jahren ist eine Brücke eben fertig.

Diese fatalistische Ansicht wird zwar oft geäußert, ist aber einerseits nicht ganz richtig, andererseits führt eine solche Haltung nicht gerade zur Verbesserung der Zustände.

Um es auf den Punkt zu bringen: Korrosion kostet in den USA jährlich 275 Mrd. US$, in Deutschland rechnet man mit 4% des Bruttonationaleinkommens (110 Mrd. Euro). Ein fröhlicher Optimist könnte also zu Recht behaupten: Korrosion sei eine willkomme Stimulanz der Wirtschaft und ein Motor des Fortschritts.

Im Ernst: Der Chef eines Supermarkts, der 4% Verluste durch Diebstahl hinnähme, würde als Fehlbesetzung betrachtet. 4% des Betriebsvermögens vorzeitig durch Korrosion zu verlieren, erscheint offenbar als Schicksalsschlag. Dabei ist es durchaus möglich, die Schäden signifikant zu verringern.

Also zurück zu unseren Bauwerken.

Die Korrosion der Bewehrung vermindert die Tragfähigkeit eines Bauteils. Es ist so früh wie möglich zu achten, dass die Korrosion erkannt wird und dann auch entsprechende Erhaltungsmaßnahmen ergriffen werden.

- zu geringe Überdeckung des Bewehrungsstahles

Abbildung 3.3: Stützenfundament einer Seilbahn - zu geringe Überdeckung der Bewehrung

Abbildung 3.4: Hallenträger - zu geringe Überdeckung

Man kann die Bewehrung an der Oberfläche schon durch Verfärbung erkennen. Die nachfolgenden Risse ermöglichen es Samen, bereits einen Bewuchs entstehen zu lassen. Somit ist eine zusätzliche Sprengwirkung infolge des entstehenden Wurzeldruckes zu möglich.

- Karbonatisierung des Betons (pH < 9)

Abbildung 3.5: Lieserschluchtbrücke - durch Karbonatisierung entstandene Korrosion

- Zugrisse im Beton lassen Fremdstoffe zur Bewehrung eindringen (Erdberührung)

Abbildung 3.6: Schönberg Stützmauer - Korrosion der erdberührten Bewehrung einer Stützmauer

3.3 Korrosion der Bewehrung

- Chlorideinwirkung (Salzstreuung durch Winterdienst)

Abbildung 3.7: Sachsenbrücke bei der Brenner-Autobahn

Abbildung 3.8: Heinrichhof-Brücke in Kärnten

Beide Brücken mussten nach einer Gebrauchszeit zwischen 26 und 31 Jahren saniert werden. Es wurde dafür der Kathodische Korrosionsschutz angewendet.

Ein sehr bekanntes Beispiel der Gefährdung von Stahlbeton ist der Brückeneinsturz der Ponte Morandi in Genua 2018. Laut einer Meldung der Neuen Zürcher Zeitung stellten im Feber 2018 Experten bei einer Brückenkontrolle Korrosion bei den Brückenseilen fest. Die Spannseile der Brücke waren stark mit Rost befallen. Eine Untersuchung hatte ergeben, dass sie im Querschnitt zu 10 - 20 % verrostet waren. Der Prüfbericht wurde am 1. Feber von sieben Ingenieuren einer technischen Kommission diskutiert, fünf von ihnen vertraten den italienischen Staat, zwei den Autobahnbetreiber. Das berichtet das italienische Magazin "L'Espresso".

Abbildung 3.9: Morandi Brücke - Quelle: Google Earth Pro, Landsat/Copernicus – Grafik: awir

Die Untersuchung führte zu keinerlei Sofortmaßnahmen. Die Brücke wurde weder vollkommen gesperrt noch teilweise entlastet, etwa durch die Sperre von Lastwagen, die Schließung einer Fahrspur oder eine Tempobegrenzung. Es wurde nur empfohlen, im Rahmen einer geplanten Sanierung die Spannseile zu verstärken. Der Verkehr floss weiter wie bis dahin, umgebremst, mit den fatalen Folgen.

Es war unter Brückenbauspezialisten bekannt, dass Zügelbrücken einer besonderen Aufmerksamkeit bedürfen.

Abbildung 3.10: Innbrücke in Hall in Tirol 1996

In Hall in Tirol wurde 1996 eine neue Brücke in Form einer Zügelbrücke von der Tiroler Landesregierung in Auftrag gegeben und gebaut.

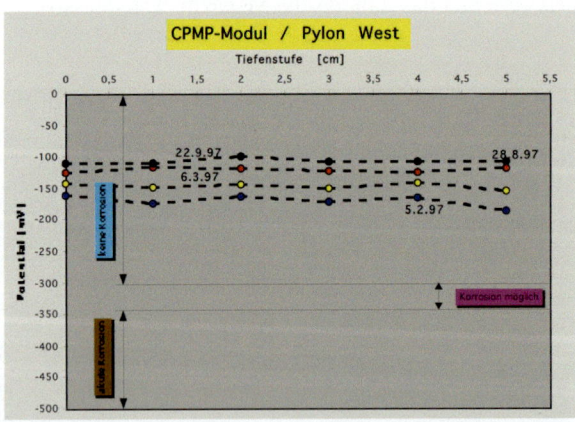

Abbildung 3.11: Messauswertung bei Innbrücke Hall

Es wurde beim Bau der Innbrücke Hall von Univ.Prof. Wicke als Prüfingenieur vorgeschrieben, mit einem Messsystem die Zügel und auch die meist beanspruchten Tragwerksteile zu über-

3.3 Korrosion der Bewehrung

wachen. Es wurde das Messsystem wie unter Punkt 5.3.2 angeführt, eingebaut und mehrere Jahre auch gemessen.

Im Zuge der Umstrukturierung des Autobahnnetzes wurde diese Brücke der ASFINAG zur weiteren Betreuung übergeben und von dieser auch weiter traditionell inspiziert.

Nach mehrfachen Rückfragen bei ASFINAG (sowohl in Wien als auch in Innsbruck) wurde bekannt, dass keine Messungen mehr bezüglich der Korrosion mit diesem Messsystem durchgeführt werden. Eine Begründung dafür wird nicht gegeben. Dies zeigt, dass man sich an die Vorgaben des seinerzeitigen Prüfingenieurs nicht mehr gebunden fühlt.

- chemische Angriffe (z.B.Klärbecken)

Ähnlich wie bei den Salzangriffen durch den Winterdienst, sind bei Klärbecken unterschiedliche chemische Stoffe in der Flüssigkeit der Becken vorhanden. Je nach Belastung durch die Kanalisation können ganz unterschiedliche chemische Angriffe stattfinden. Dies führt sehr oft zu Korrosion der Bewehrung und somit auch zu einer verkürzten Gebrauchsdauer der Becken.

4 Überwachungsmethoden

Stahlbeton- und Spannbetonbauteile sind, entsprechend den gültigen Baunormen (DIN 1076), auf Risse, Ausbauchungen, Durchfeuchtungen, schadhafte Fugen, Ausblühungen, Rostverfärbungen, Hohlstellen, Abplatzungen und andere Oberflächenveränderungen zu prüfen. Bei bedenklichem Zustand des Betons sind Druckfestigkeit, Karbonatisierungstiefe, Chloridgehalt, Betondeckung und Rostgrad der Bewehrung festzustellen. Stahlbeton ist entsprechend den gültigen Normen auf Risse, Stellen mit Rostverfärbungen sind in jedem Fall auf Hohlstellen abzuklopfen. Der Zustand von Oberflächenschutzschichten ist zu prüfen. Auf freiliegende Bewehrung ist zu achten. Rissbreiten, insbesondere im Bereich von Arbeitsfugen, und Betonfehlstellen sind zu messen. Bedenkliche Risse sind aufzumessen und auf Bewegungen zu kontrollieren. Instandgesetzte Bereiche bedürfen einer intensiven Überprüfung.

Auch nach der Richtlinie für Straßenbauten (RVS) sind als Qualitätskontrolle zur baulichen Erhaltung die Kunstbauten wie Brücken einer ständig wiederkehrenden Kontrolle und Prüfung zu unterziehen. Der Abstand der regelmäßigen optischen Kontrollen hat alle zwei Jahre zu erfolgen. Dabei wird der Zustand des Bauwerkes protokollarisch festgehalten. Es werden die Veränderungen für jedes Tragwerksteil festgehalten.
Bei Beton, Stahlbeton und Spannbeton sind diese Mängel z.B.:
- Verformungen und Risse, Roststellen, Feuchtestellen, Aussinterungen, Rostfahnen, freiliegende Bewehrung. Abplatzungen und Abwitterungen
- Veränderungen in den Auflagerbetreichen wie z.B. Betonnester, Fremdkörpereinschluß und starke Verschmutzung

Im Zuge der Hauptprüfung alle 6 Jahre sind durch einen sachkundigen Ingenieur zusätzlich die statischen Verhältnisse zu prüfen und der Einfluss der Schäden auf die Tragfähigkeit und Gebrauchstauglichkeit und Dauerhaftigkeit des gesamten Bauwerkes abzuschätzen. Wird mit dem normalen Prüfumfang eine Beurteilung nicht möglich, so sind Sonderprüfungen vorzunehmen.
Ist bei einer Brücke ein Messprogramm oder ein Monitoringsystem eingerichtet, so sind die Messergebnisse für die Prüfung zur Verfügung zu stellen und in die Beurteilung einzubeziehen.
Die Stahlbetonbauteile sind insbesondere hinsichtlich folgender Mängel zu überprüfen:

- Risse:
  optische Untersuchung auf Risse an folgenden Oberflächen

- gesamte Tragwerksoberfläche
- Innenflächen der Hohlkästen

- Fehlstellen, Hohlstellen, Abplatzungen, Nester
  Erstprüfung: die gesamten Sichtflächen sind systematisch mit einem Hammer abzuklopfen
  Nachfolgeprüfungen: Flächen mit entsprechend engerem Abstand abzuklopfen
  - Fehlstellen
  - Bereiche der Konzentration der Bewehrung
  - Fugen
  - Lagerbereiche
  - nachträglich ausgebesserte Stellen

- Aussinterungen, Rostfahnen und Feuchtstellen:
  Bei Aussinterungen und Feuchtstellen ist festzustellen, woher das verursachende Wasser stammt. Außerdem ist zu prüfen, ob diese Feuchtigkeit eine Gefahr für die Bewehrung darstellt.

- schlaffe Bewehrung
  Optische Untersuchung auf Roststellen und ob Anzeichen für einen ungenügenden Korrosionsschutz gegeben ist.

- Betoneigenschaften
  Bei Zweifeln an der Betongüte sind Proben zur Untersuchung zu entnehmen und im Labor zu prüfen.

Fasst man diese aufgezeigten Überwachungen zusammen, so kann man die Überprüfungen in drei Gruppen zusammenfassen:

- optische Prüfungen
  - Risse allgemein
  - Hohlstellen und Fehlstellen sowie Betonnester
  - Nassstellen und Rostfahnen an der Oberfläche

- geometrisch
  - Brückenlage (Setzungen, Verschiebungen)
  - Rissbreiten und deren Veränderung

- elektrochemisch
  - Chlorideindringung
  - Korrosion der Bewehrung

5 Messmöglichkeiten

5.1 geometrisch

Bei allen Rissen sind die Größe und Veränderungen beim bestehenden Bauwerk zu messen. Hier hat sich eine Messeinrichtung bewährt, bei der ein Schieber an einem Maßstab entlang geschoben wird und man in zeitlichen Abständen die Messamarke ablesen und notieren kann.

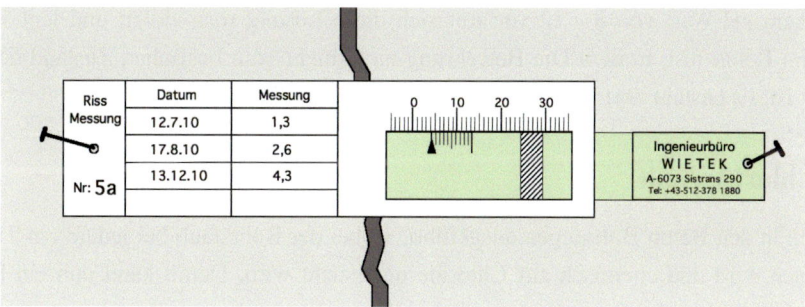

Abbildung 5.1: Messeinrichtung zur Messung von Bauwerksrissen

Mit der auf der Zunge eingravierten Noniuseinteilung lässt sich die Messung auf 0,1 mm genau durchführen. Somit ist eine ausreichende Genauigkeit gegeben und auch der zeitliche Ablauf von Verformungen eindeutig nachvollziehbar.

5.2 chemisch

Bei der chemischen Untersuchung geht es hauptsächlich um die Korrosionsgefährdung des Bewehrungsstahles. Dazu gibt es zwei unterschiedliche Ansätze.

5.2.1 pH-Wert-Verlauf mit der Tiefe

Der Beton hat normalerweise einen pH-Wert um 13 und schützt mit diesem basischen Zustand den Bewehrungsstahl vor einer chemischen Reaktion zu Rost. Wenn nun der pH-Wert des Betons unter 9 sinkt, kann eine chemische Reaktion von Eisen (Stahl) zu Eisenoxyd stattfinden. Dies ist der Beginn von Rost.

Dazu wird in der Praxis ein Test mit einer Phenolphthalinlösung durchgeführt. Diese wird auf die Betonoberfläche aufgesprüht und dringt in den Beton ein.

Abbildung 5.2: Verfärbung des Betons bei Einwirken der Phenolphthalinlösung bei pH-Wert 8 - 12

Bei einem pH-Wert von 8 - 12 verfärbt sich diese Lösung rosa-violett und legt somit den Bereich im Beton fest, in dem Die Bewehrung nicht mehr vom basischen Zustand des Betons geschützt ist. Es besteht dort Korrosionsgefahr für die Bewehrung.

5.2.2 Chloridgehalt

Es werden in den Beton Bohrungen ausgeführt, wobei der Bohrstaub bei jedem cm Tiefe extra aufgefangen wird und chemisch auf Chloride untersucht wird. Damit kann nun ein Profil der Chloridkonzentration des Betons hergestellt werden.

Als kritischer Chlorgehalt über dem Korrosion des Bewehrungsstahles eintritt ist mit 1 % bezogen auf den Zementgehalt gegeben. Übersteigt er diesen Wert entsteht Korrosion, in den meisten Fällen der gefürchtete Lochfraß (siehe Abb. 2.8) Dabei korrodiert der Stahl punktuell relativ schnell und es entstehen Löcher, die den Querschnitt schnell verringern. Es ist dann die Tragfähigkeit des Stahles schnell zerstört (siehe Abb. 2.7)

5.3 elektrisch

Die Korrosion von Bewehrungsstahl ist ein elektrochemischer Vorgang, der bei ungenügendem Schutz der Umgebung (Beton pH-Wert <10, oder Chloridangriff) abläuft.

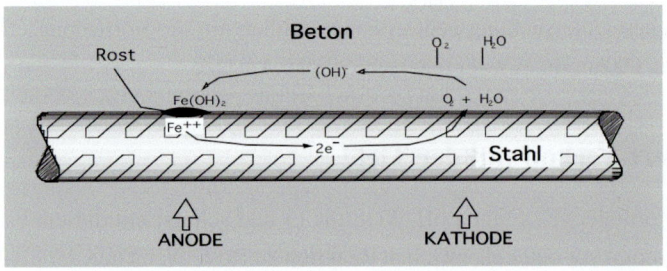

Abbildung 5.3: elektrochemischer Vorgang bei Stahlkorrosion

5.3 elektrisch

Diesen chemischen Vorgang kann man nun wegen der Elektronenbewegung elektrisch messen. Dazu bedient man sich einer Bezugselektrode, die als Referenzelektrode wirkt und misst die elektrische Spannung zwischen Bezugselektrode und Bewehrungsstahl. Der gemessene Wert gibt Auskunft über die Elektronenbewegung bei dem Bewehrungsstahl. Somit kann man erkennen, ob ein Stahl korrodiert (Elektronenbewegung wird registriert) oder nicht.

5.3.1 Potentialfeldmethode

Dabei wird meist eine Kupfer-Kupfersulfat-Elektrode auf der Betonoberfläche punktuell angesetzt und das elektrische Potential zum Bewehrungsstahl gemessen.

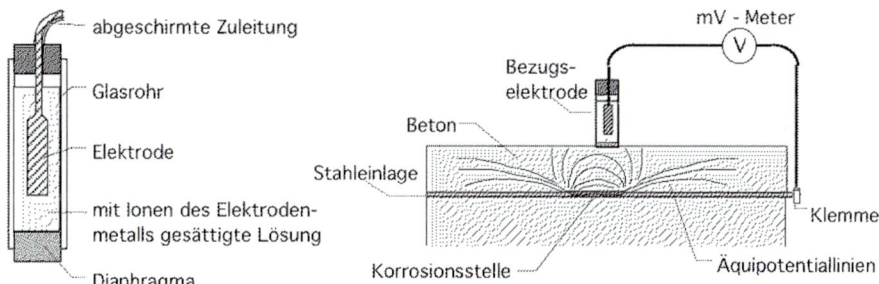

Abbildung 5.4: Potentialmessung mit Kupfer-Kupfersulfat-Elekrtode

In vielen Fällen wird bei Messung von größeren Flächen auch ein System von Mehrfachelektroden verwendet um die Messungen zu beschleunigen.

Abbildung 5.5: Potentialmessung Mehrfach-Elektroden am Brückenpfeiler

Bei der anschließenden Auswertung der Messdaten können dann die Flächen mit den entsprechenden Messergebnissen bezeichnet werden.

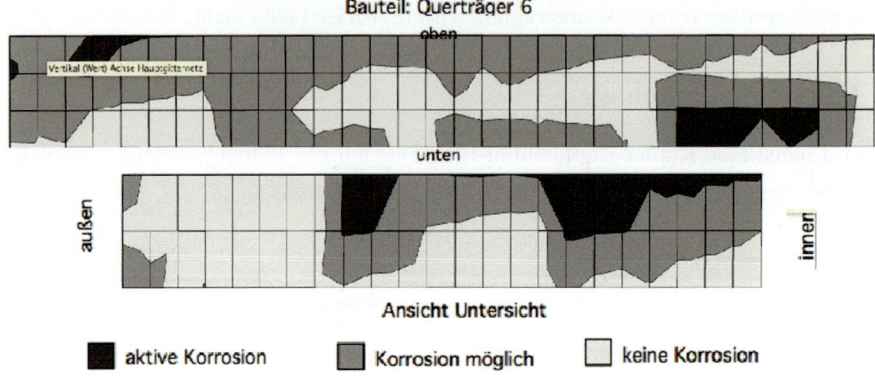

Abbildung 5.6: Auswertung einer Potentialmessung bei Brückenquerträger

Mit dieser Auswertung kann nun die Sanierung der einzelnen Bauteile gezielt in Angriff genommen werden.

5.3.2 Linienelektrode (CMS)

Die CMS-Elektrode (CMS = Corrosions-Mess-System) ist eine Linienelektrode aus Silber-Silber-Chlorid und somit eine chemische Referenzelektrode. Sie wird in den Beton während des Baus oder auch nachträglich in einem vermörtelten Schlitz eingebaut. Als Referenzelektrode misst sie einerseits den Chloridgehalt der Umgebung und andererseits das Potential zur Bewehrung. Es wird ein Mischwert angegeben, der jedoch gut über den Zustand entlang der Elektrode Auskunft gibt. Es wird entlang der gesamten Elektrode der extremste Wert angegeben, welcher Auskunft über den Korrosionszustand gibt.

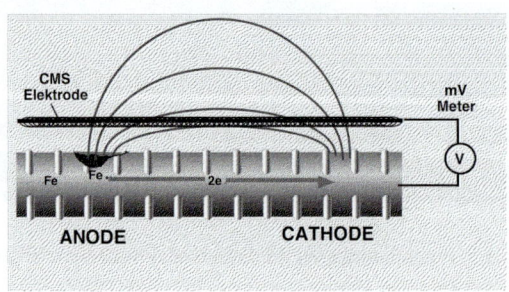

Abbildung 5.7: Potentialmessung mit CMS-Elektrode bestehend aus Silber-Silberchlorid-Elektrode

5.3 elektrisch

Hier einige Beispiele der Anwendung der CMS-Elektrode in der Praxis.

Abbildung 5.8: Montage der CMS-Elektrode bei einem Brückenpfeiler

Abbildung 5.9: CMS-Elektrode bei Ankern am Schönberg - Brenner-Autobahn

Abbildung 5.10: Stützen der Gamsgartenbahn (Stubai) deren Anker mit CMS-Elektroden überwacht werden

Abbildung 5.11: Messung bei Pfahlüberwachung mit CMS-Elektrode im Stubaital

Bei der Auswertung der Messungen mit der CMS-Elektrode als Silber-Silberchlorid-Referenzelektrode können folgende Werte für die Beurteilung von Korrosion herangezogen werden:

min	max	Bewertung
0	-300 mV	keine Korrosion
-300 mV	-350 mV	Passivschicht des Stahls löst sich auf
-350 mV	-500 mV	Stahl korrodiert
-500 mV	kleiner	keine Korrosion (Stahl ist unter Wasser)

Tabelle 5.1: Interpretation der Messwerte der CMS-Elektrode

Mit Hilfe der TDR-Methode (Zeit-Bereichs-Reflektions-Methode) kann auch der Ort der Korrosionsstelle entlang der eingebauten Elektrode gemessen werden. Dazu wird ein elektrischer

Impuls in das System eingegeben und die reflektierte Welle analysiert. Man kann aus der Aufzeichnung am Oszilloskop die Lage der Korrosionsstelle und auch die Art der Korrosion (Abtragung oder Lochfraß) erkennen.

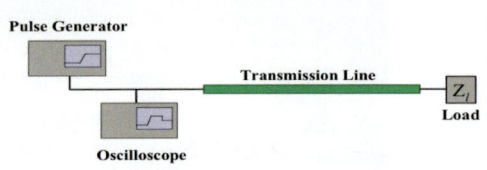

Abbildung 5.12: TDR - Anordnung der Messeinrichtung

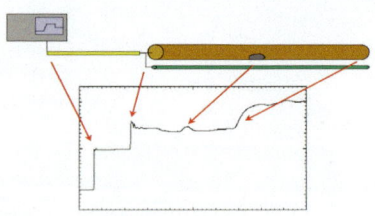

Abbildung 5.13: TDR - Messergebnis mit Korrosionsstelle

Eine weitere Anwendung ist die Korrosionsleiter (CPMP-Modul) (CPMP = Corrosion-Penetration-Monitoring-Probe), bei der die kurzen Elektroden zusammen mit Bewehrungsstäben in 6 Tiefenstufen von jeweils 1,0 cm angeordnet sind. Dadurch ist es möglich die Eindringung von Chloriden in den Beton über die Zeit zu beobachten.

Abbildung 5.14: CPMP-Modul mit Datenlogger

Somit ist es möglich, eine Korrosionsgefahr für die im Bauteil befindliche Bewehrung frühzeitig zu erkennen und Gegenmaßnahmen rechtzeitig zu planen, bevor die eigentliche Korrosion bei der Bewehrung beginnt.

Es dürfte von allgemeinen Interesse sein, dass nun erstmalig in einer deutschsprachigen Norm eine Korrosionsmessung als dauerhafte Überwachungsmethode vorgeschlagen wird. In dem Normenvorschlag für die ÖNORM B 4456 - Geotechnik - Dauerhaftigkeit von Verankerungen, unter Punkt 4.1 (Planung und Entwurf) steht: ***Die Anzahl der Messeinrichtungen (Kraftmesseinrichtungen, Korrosionsmesseinrichtungen) ist vom Bauherrn und seinem Planer festzulegen.***

6 traditionelle Erhaltungsmethode

Hierbei werden alle Betonteile bis zur Bewehrung entfernt. Auch werden die Betonteile, die eine größere Tiefe bei der Karbonatisierung und Chloridprüfung ergeben haben entfernt. Man will alle schädlichen Bereiche erfassen und den Beton wieder in seinen ursprünglich vorgesehenen Zustand bringen. Zumindest was die Korrosionsgefährdung der Bewehrung betrifft und auch die Festigkeit.

Vor der Sanierung muß in der Statik geprüft werden, ob eine Freilegung der Bewehrung durchgeführt werden kann, ansonsten müssen statische Unterstützungen angeordnet werden.

Arbeitsschritte bei der traditionellen Erhaltung

1. Betonüberdeckung bis zur Bewehrung entfernen
2. karbonatisierten Beton entfernen (Tiefe von Voruntersuchung bekannt)
3. chloridangereicherte Bereiche entfernen (Tiefe von Voruntersuchung bekannt)
4. Bewehrungsstahl freilegen
5. Bewehrungsstahl säubern (alle Korrosionsteile entfernen)
6. Betonoberfläche reinigen (Hochdruckwasserstrahlen)
7. notwendige Bewehrung ersetzen
8. Schutzanstrich auf Bewehrung anbringen
9. Überdeckung wieder aufbringen (Haftmörtel oder Spritzbeton)
10. Anschluss an bestehende Betonoberfläche herstellen

Es wird der gesamte Sanierungsbereich auch während der Sanierungsarbeiten laufend kontrolliert, ob alle schädlichen Bereiche auch entfernt sind. Dies sind insbesondere Untersuchungen bezüglich der Karbonatisierung und des Chloridgehaltes.

Mit der traditionellen Sanierung wird zwar ein Zustand erreicht, der nahe an einen Neubau herankommt, jedoch ist eine dauerhafte Sicherung gegen Korrosion nicht gegeben. Auch werden keine Messmöglichkeiten bezüglich einer neu auftretenden Korrosion eingebaut. Bei sanierten Bauwerken sollte daher unbedingt eine Messeinrichtung integriert werden, um den Zustand jederzeit zu messen und auch mit Daten belegen zu können.

Es ist zwar ein Zustand erreicht, bei dem das Bauwerk einige Jahre weiter betrieben werden kann, jedoch ist damit einer künftigen Korrosion nicht vorgebeugt. Sowohl die Karbonatisierung infolge saurem Regen als auch die Chlorideindringung können ungehindert eintreten und somit die Korrosion von Bewehrungsstahl mit der Zeit wieder erzeugen. Es zeigt sich in der Praxis, dass solche Bauteile nach einer gleich langen oder sogar etwas kürzeren Gebrauchszeit wieder wegen Korrosionsbefall saniert werden müssen. Es ist dann der Bewehrungsstahl weiter geschwächt und es muss dann auch die Querschnittsminderung des Stahles überprüft werden.

Eine traditionelle Sanierung kann 2-3-mal vorgenommen werden. Danach ist die Bewehrung so angegriffen, dass eine Sanierung nicht mehr möglich ist und das Bauwerk abgerissen und neu gebaut werden muss. Dies ist besonders bei Straßenbrücken immer wieder der Fall.

Problematisch bei der traditionellen Sanierungsmethode sind die Randbereiche, bei denen der Altbeton mit dem Sanierungsbeton zusammentrifft. Wenn die beiden Betone nicht den selben pH-Wert aufweisen, entsteht ein Makroelement, das zu einer Korrosion der Bewehrung führen kann. Somit ist der Übergang ein Schwachpunkt, der genau überwacht werden muss. Leider gibt es für diese Situation noch zu wenig gesicherte Untersuchungsergebnisse, was noch nachgeholt werden müsste.

7 elektrochemische Erhaltungsmethode

Als Elektrochemische Erhaltungsmethode hat sich der Kathodische Korrosionsschutz (KKS) durchgesetzt. Er wird im Schiffsbau, bei Pipelines und im Kesselbau seit über 100 Jahren erfolgreich eingesetzt.

Die Sanierung mit dem Kathodischen Korrosionsschutz (KKS) bei Stahlbetonbauwerken unterscheidet sich zur traditionellen Sanierungen sehr stark. Es wird der karbonatisierte bzw. auch chloriddurchsetzte Beton nicht abgetragen oder ersetzt, sondern es wird der Bewehrungsstahl daran gehindert weiter zu korrodieren.

Es müssen somit die von Korrosion betroffenen Stahlteile nicht freigelegt werden, sondern es muss nur darauf geachtet werden, dass ein gleichmäßiger geringer Stromfluss (Elektronenfluss) zwischen Kathode und Anode entstehen kann, sodass immer ein Elektronenüberschuss am Bewehrungsstahl vorherrscht.

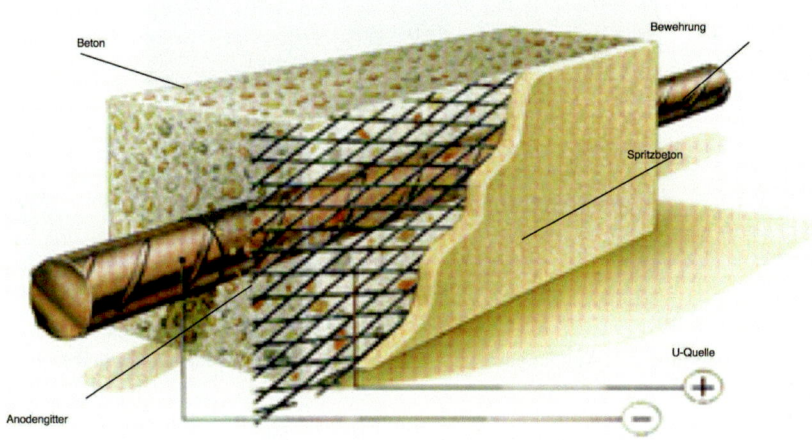

Abbildung 7.1: Prinzip beim Kathodischen Korrosionsschutz (KKS)

Es wird Strom (Elektronen) über die Bewehrung (Kathode) eingespeist und zu einem Gegenpol (Anode) geleitet. Dieser Gegenpol besteht aus einem Metallgitter oder elektrisch leitendem Anstrich. Der Strom besteht aus Elektronen, die somit verhindern, dass der Bewehrungsstahl eine Verbindung mit dem Sauerstoff und den OH- Ionen herstellt und somit Rost erzeugt.

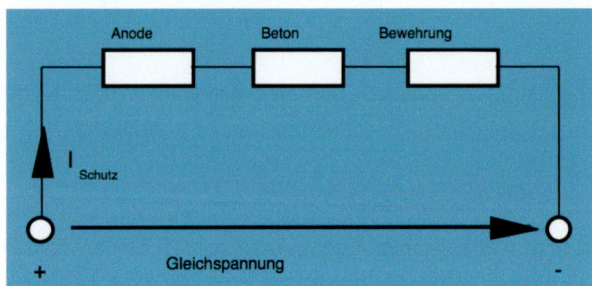

Abbildung 7.2: Prinzip der elektrischen Schaltung beim KKS

Diese Schutzmethode benötigt etwa 3-10 mA/m2 Schutzfläche. Dies ist eine sehr geringe Strommenge, die man bei Berührung kaum spürt. Somit können relativ große Flächen mit einem kleinen Gleichrichter versorgt werden.

Abbildung 7.3: Anodengitter mit Verteilerleitung bei einer Stützenscheibe

Abbildung 7.4: Anodengitter bei einer Auskragung einer Brücke

Vereinfacht dargestellt werden dem Eisen immer Elektronen zugegeben, sodass bei einem Elektronenverlust immer ein freies Elektron nachrückt. Es findet somit eine Polarisierung statt, die beim Eisen immer einen Elektronenüberschuss erzeugt. Somit kann das Eisen keine chemische Verbindung mit anderen Stoffen wie O2 oder OH eingehen. Also kann das Eisen nicht rosten. Solange diese Polarisierung aufrecht ist, kann der Stahl nicht rosten, er ist somit geschützt. Sein Querschnitt bleibt erhalten.

Abbildung 7.5: Steuerung der KKS-Anlage bei einer Brücke

Arbeitsschritte beim KKS

1. Betonoberfläche reinigen (Hochdruckwasserstrahlen)

2. Hohlstellen freilegen und reinigen

3. Hohlstellen wieder mit Mörtel bzw. Beton auffüllen

4. Referenzelektroden anbringen (für Kontrolle des KKS)

5. Anodengitter anbringen (dübeln bzw. ankleben), bzw. Anodenanstrich auftragen

6. Verteilerleitungen anbringen und anschließen

7. Leitungen einer Schutzzone an Gleichrichter anschließen

8. Verkabelung und Anschlüsse überprüfen

9. 2-3 cm Spritzbeton aufbringen, um Anode in Beton einzubinden und zu schützen

10. Gleichrichter an Stromnetz anschließen

11. Gleichrichter einstellen und über Referenzelektroden prüfen

12. Monitoringsystem anschließen und prüfen

Das Monitoringsystem nimmt Messdaten von jeder Schutzzone auf und speichert diese ab. Es können dabei etliche Randbedingungen eingestellt werden:

- Messabstand

- Gleichrichterspannung

- Potential der Referenzelektrode

- Steuerung einer Schutzzone

Je nach Art und Ausführung des Monitoring-Systems sind neben den erwähnten Eigenschaften noch zahlreiche andere Einstellungen möglich, die die Überwachung von Bauwerken erleichtern.

Im Zuge der Erhaltungsmaßnahmen wurden bei der Brenner-Autobahn insgesamt 9 Brücken mit dem Kathodischen Korrosionsschutz (KKS) ausgestattet. Dies war der erste großflächige Einsatz mit dem KKS im deutschen Sprachraum. Die Steuerung des KKS wurde entweder manuell oder per Computer vor Ort durchgeführt. Die ersten Jahre zeigten die Messwerte, dass die Korrosion bei allen behandelten Brücken gestoppt und zurückgehalten werden konnte.

Mit der Umstrukturierung des Autobahnnetzes wurden vom neuen Betreiber der Brenner-Autobahn, der ASFINAG, sämtliche KKS-Installationen abgeschaltet. Trotz mehrfacher Rückfrage bei ASFINAG in Wien und Innsbruck wurde keine Begründung dafür gegeben.

Dies ist besonders bemerkenswert, da die Brenner-Autobahn die meist frequentierte Autobahn über die Alpen ist und dabei auch den intensivsten Winterdienst (Salzstreuung) benötigt. Die Verantwortlichen haben weder wirtschaftlich noch technisch eine nachvollziehbare Entscheidung getroffen. Es sind alle betroffenen Brücken nicht mehr gegen Korrosion aktiv geschützt und es muss weitere Korrosion bei diesen Brücken befürchtet werden, was die Gebrauchszeit der einzelnen Brücken erheblich einschränkt.

Im Gegensatz dazu werden nach Auskunft der ASFINAG südlich von Wien mehrere KKS-Anlagen bei der Südautobahn betrieben und auch dauerhaft überwacht. Sogar Diplomarbeiten bezüglich des Langzeitverhaltens dieser Bauwerke werden von der ASFINAG unterstützt.

8 Lebenszyklus

Spricht man von dem Lebenszyklus von Bauwerken, so sei hier unabhängig vom Baustoff ein Bildvergleich bei Brücken mit verschiedenen Baustoffen aufgezeigt, der auch ein wenig zum allgemeinen Verständnis beitragen soll.

Abbildung 8.1: Ponte Julien Frankreich erbaut 3 v.Chr.

Erste Brücken in Europa bauten die Römer. Hier sind heute noch einige Brücken vorhanden und auch im Gebrauch. Die Breite der Brücken hat sich zwar generell geändert und auch die Belastung ist durch den heutigen Verkehr größer, aber diese alten Brücken sind heute noch funktionsfähig.

Abbildung 8.2: Holzbrücke in Strengen am Arlberg erbaut 1764

Ab dem Mittelalter sind Holzbrücken angewendet worden, von denen noch einige zu bestaunen sind, da sie voll funktionsfähig sind, wie diese In Strengen am Arlberg.

Im 20. Jahrhundert gab es dann einen extremen technischen Fortschritt, der zu ganz großen und bekannten Brücken führte.

Abbildung 8.3: Williamsburg-Brücke in New York erbaut 1903

Stahlbrücken waren in der ersten Hälfte des 20. Jahrhunderts als Fachwerkbrücken und Hängebrücken je nach Spannweite sehr beliebt. Sie sind großteils heute noch in Betrieb.

Abbildung 8.4: Nösslachbrücke am Brennerpass erbaut 1967, saniert 1990

Stahlbetonbrücken werden ab 1930 gebaut und werden bei Verkehrausbauten insbesondere im Straßenbau sehr viel angewendet. Hier ist das Problem der Gebrauchsdauer sehr zu beachten, denn mit der Salzstreuung im Winterdienst ist die Korrosion des Bewehrungsstahles ein sehr großes Problem.

Es ist also interessant, seit wann die einzelnen Baustoffe verbaut werden und wie lange dann auch die jeweilige Gebrauchsdauer ist.

Baustoff	Alter (Jahre)	Bauwerk
Stein	ca 4.700	Pyramiden, Tempel
Beton	ca. 2.000	Brücken, Aquädukte
Holz	ca. 1.100	Wohnhäuser
Stahl	340	Brücken
Stahlbeton	80	Brücken
Spannbeton	60	Brücken

Tabelle 8.1: Anwendungssalter in Jahren von verschiedenen Baustoffen

Man sieht bei dieser Übersicht, dass die Baustoffe recht unterschiedliche geschichtliche Anwendungen haben und Stahl- und Spannbeton die jüngsten Baustoffe sind. Es ist also auch notwendig besonders bei Stahlbeton auf die Gebrauchsdauer eines Bauwerkes zu schauen. Dies ist für die Wirtschaftlichkeit eines Bauwerkes von entscheidendem Einfluss.

Bei Stahlbeton ist die Umgebung, in der das Bauwerk steht von großem Einfluss, da die Umweltbedingungen die Gebrauchszeit sehr einschränken können.

Umweltbedingung	Stahlbeton
trockene Luft	150
feuchte Luft	120
feuchtes Erdreich	40
saurer Regen	40
Salzangriff (Winterdienst)	30
Salzvernebelung	40

Tabelle 8.2: Gebrauchsdauer von Stahlbeton in Jahren ohne Erhaltungsmaßnahme

Die beiden ersten Werte bei trockener und feuchter Luft kommen daher, weil es den Stahlbeton erst 170 Jahre im Bauwesen gibt und keine älteren Erfahrungen vorhanden sind. Bei aggressiver Umweltbedingung sinken die Gebrauchsdauern zu 30 bis 40 Jahren, was die Wirtschaftlichkeit extrem beeinträchtigt. Es muss in diesen Fällen frühzeitig saniert werden um das Bauwerk weiter nutzen zu können.

Auch die Zeiten für die Verlängerung der jeweiligen Gebrauchszeit eines Bauwerkes nach der Sanierung sind von den Umweltbedingungen und auch von der Sanierungsmethode abhängig.

Hier sind je nach Sanierungsmethode sehr unterschiedliche Gebrauchszeiten zu erwarten. Gerade diese Unterschiede sollten bei einem Vergleich der Kosten der jeweiligen Sanierungsmethode berücksichtigt werden.

Umweltbedingung	Stahlbeton
trockene Luft	50
feuchte Luft	50
feuchtes Erdreich	30
saurer Regen	30
Salzangriff (Winterdienst)	25
Salzvernebelung	25

Tabelle 8.3: Verlängerung der Gebrauchsdauer in Jahren bei traditioneller Sanierung

Man sieht, dass bei aggressiven Umweltbedingungen die Gebrauchszeit etwas geringer als beim neuen Bauwerk ist und somit maximal eine Verdoppelung der ursprünglichen Gebrauchszeit erreicht werden kann.

Umweltbedingung	Stahlbeton
trockene Luft	-
feuchte Luft	100
feuchtes Erdreich	100
saurer Regen	100
Salzangriff (Winterdienst)	100
Salzvernebelung	100

Tabelle 8.4: Verlängerung der Gebrauchsdauer in Jahren bei kathodischem Korrosionsschutz

Wenn man mit der elektrochemischen Methode mit Kathodischem Korrosionsschutz saniert, wird das Bauwerk unabhängig von der Umweltbelastung geschützt und es entsteht eine sehr lange Verlängerung der Gebrauchszeit der Bauwerke. Die Erfahrungen vom Schiffs- und Pipeline-Bau mit dem kathodischen Korrosionsschutz sind bereits über 140 Jahre alt und lassen die angegebenen Zeitspannen durchaus als realistisch garantieren.

Betrachtet man nun den erwünschten Lebenszyklus eines Bauwerkes, so setzt dieser sich aus den Gebrauchszeiten ohne Sanierung und den Gebrauchszeiten mit Sanierung zusammen. Als Zeitraum für den Vergleich der Lebenszyklen sollte eine möglichst realistischer Bereich gewählt werden, den ein Bauwerk in Gebrauch stehen soll. Für Stahlbetonbauten, die es ert seit ca. 80 - 100 Jahren gibt, sollte ein Zeitraum von 150 Jahren gewählt werden, um so auch die Gesamtkosten inklusive notwendiger Sanierungen zu erfassen.

Für die Berechnung der Kosten für einen Kubikmeter Stahlbeton wurden die Durchschnittskosten für einen Beton C30/37 und den Bewehrungsstahl BST 550 verwendet. Es wurden für den Hochbau und Brückenbau zwei unterschiedliche Bewehrungsgehalte entsprechend der Praxis gewählt. So ergaben sich die Herstellungskosten für Stahlbeton für die Anwendungsfälle zu:

Anwendungsbereich	Kosten /m^3
Hochbau	240
Brückenbau	292

Tabelle 8.5: Herstellungskosten für Stahlbetonbauteile

Für die Kosten eines Lebenszyklus wurden folgende zusätzlichen Kosten in Abhängigkeit der Herstellungskosten verwendet:

Kostentitel	Kostenfaktor
Planung	0,15
Betrieb	0,003
Instandhaltung	0,15
Abriss	0,10

Tabelle 8.6: Kostenanteile beim Lebenszyklus

Zum Kostenvergleich der Lebenszyklen wurde ein Zeitraum von 150 Jahren gewählt. Es wurden die Kosten für einen Hochbau und einen Brückenbau gerechnet. Beim Brückenbau wurde einerseits die Sanierung mit der konventionellen Methode gerechnet und andererseits die Sanierung mit dem Kathodischen Korrosionsschutz (KKS) bei Strassenbrücken.

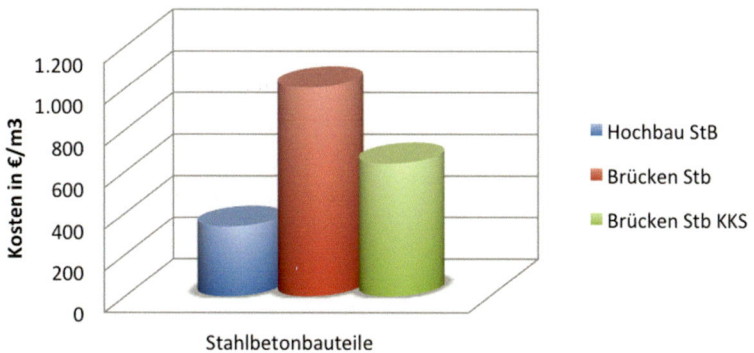

Abbildung 8.5: Lebenszyklenkosten von Stahlbetonbauten

Es zeigte sich hier deutlich, dass im Brückenbau bei ein sehr großer Einfluss der Sanierungsmethode besteht. Dieser Vorteil ist bei allen Stahlbetonbauten, die dem Winterdienst mit Salzstreuung dienen sowie Garagenbauten festzustellen.

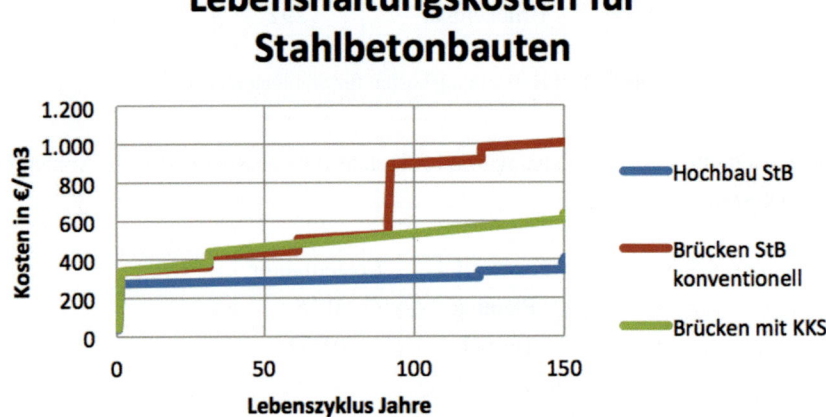

Abbildung 8.6: Lebenszyklenkosten von Stahlbetonbauten über die Zeit

Besonders in der zeitlichen Entwicklung der Lebenszyklenkosten ist der Unterschied der Sanierungsmethode klar erkennbar. Der anfängliche Kostenvorteil ist mit der zweiten Sanierung bei Brücken aufgebraucht. Dann ist die herkömmliche Sanierung teurer und wird nach ca. 100 Jahren extrem teurer, da das Bauwerk herkömmlich nicht mehr sanierbar ist und abgerissen und neu gebaut werden muss.

9 Wirkungen auf die Umwelt

Unter Umweltverschmutzung wird im Allgemeinen die Verschmutzung der Umwelt verstanden, also des natürlichen Lebensumfelds des Menschen. Im Vordergrund steht dabei die Umweltbelastung mit Abfällen.

Bei einer Sanierung von Bauwerken entstehen Abfälle. Diese sind entsprechend der gesetzlichen Entsorgungsrichtlinien zu verarbeiten. Je mehr Abfälle bei der Sanierung anfallen, desto größer ist die Umweltbelastung.

Als Zuschlagstoffe für Beton werden hauptsächlich Sand und Kies eingesetzt. Die Rohstoffe sind als Gesamtvorkommen noch auf weite Sicht ausreichend vorhanden, doch ist in absehbarer Zeit mit dem Versiegen regionaler Vorkommen zu rechnen. Neue Kiesgruben werden aufgrund des bestehenden Natur- und Landschaftsschutzes heute nicht mehr ohne weiteres genehmigt. Zur Einsparung wertvoller Kiesressourcen sollte deshalb die Verwendung von recyceltem Beton- oder Mischabbruchgranulat forciert werden.

Bei der Herstellung von Zement bzw. Beton werden etwa 5-10 % der weltweiten, anthropogenen CO_2-Emissionen abgegeben. Ein vielversprechender Weg, den mit der Betonherstellung verbundenen CO_2-Ausstoß deutlich zu reduzieren, ist die Verwendung von Geopolymeren. Diese alternativen Bindemittel weisen hervorragende technische Eigenschaften wie hohe Festigkeiten sowie Frost-und Temperaturbeständigkeit auf und können dabei mit einem um bis zu 90 % verringerten CO_2-Ausstoß hergestellt werden. Ein Hemmnis für eine großflächige kommerzielle Einführung der Geopolymere sind jedoch Unsicherheiten hinsichtlich der Dauerhaftigkeit dieser Bindemittel, da hierzu erst wenige Erfahrungen vorliegen. Für den Einsatz in tragenden Bauteilen ist insbesondere der Schutz der Stahlbewehrung von Bedeutung. Dies wird in derzeit laufenden Forschungsarbeiten geklärt.

Bei Stahlbeton und Betonfertigteilen hat der Bewehrungsgrad einen großen Einfluss auf die Graue Energie. Im ungünstigsten Fall, bei hohem Stahlanteil von 2 Vol-%, kann sich der Grauenergiewert gegenüber unbewehrtem Beton bereits verdoppeln. Als Graue Energie wird die Energiemenge bezeichnet, die für Herstellung, Transport, Lagerung, Verkauf und Entsorgung eines Produktes benötigt wird.

Für die Stahlproduktion sind für die Zukunft große technologische Veränderungen erkennbar, z.B. durch hohe Steigerungsraten beim Schrottaufkommen und Umstellung auf Elektrostahl. In der Zementproduktion ist die Umstellung auf effizientere Technologien bereits im Gange. Bei Transportbeton beansprucht Zement mit 85-90 % den Hauptanteil der Primärenergie (insgesamt ca. 1350 MJ/m^3 Beton C 25/30). Ebenso wird das Treibhauspotential zu 95 % durch die mit der Zementherstellung verbundenen CO_2-Emissionen dominiert (ca. 240 CO_2-Äq./m^3 Beton C 25/30).

Zur Reduzierung des Grauenergiewertes kann der Einsatz von Flugasche, Hüttensand und Microsilica (Betonzusatzstoffe) anstelle von Zement beitragen. Diese Sekundärrohstoffe werden bereits seit langem als Zusatzstoffe genutzt. Bedeutende Steigerungsraten sind nur noch zu erwarten, sofern künftig auch Braunkohleflugaschen zugelassen werden.

Aus den handelsüblichen Betonzusatzstoffen sowie Betonzusatzmitteln sind in der Nutzungsphase i.d.R. keine Gesundheits- und Umweltgefahren zu erwarten, die Umweltverträglichkeit von Beton mit Kompositzementen ist jedoch im Hinblick auf eine zukünftige Wiederverwertung noch nicht geklärt.

Zur Schonung der Trinkwasserressourcen kann die Substitution des Anmachwassers durch Regen- und Brauchwasser beitragen. Zur Schonung fossiler Energieträger mit entsprechender Reduktion der Luftbelastung sind auch rohstoff- und energiesparende Betonkonstruktionen zu berücksichtigen. Mit Hilfe der EDV-Planung lassen sich leistungsfähigere Betone (z.B. Leichtbeton, Hochleistungsbeton) mit reduzierter Bewehrung ökologisch, ökonomisch und bautechnisch optimal bemessen, ebenso ist ein Ersatz von Stahlbeton durch Faserbeton in großem Umfang möglich. Die sog. integrale Leistungsfähigkeit berücksichtigt auch die Verhältnisse während der Nutzungszeit des Betons im Bauwerk sowie die Wiederverwertungsquote.

Es ist bei der Sanierung von Bauteilen aus Stahlbeton auf Materialeinsparung zu berücksichtigen. Besonders die Mengen an Abbruchmaterial und somit auch neuem anzubringenden Material sind zu berücksichtigen. Gerade durch die Wahl der Erhaltungsmethode ist eine große Einsparung bei Material möglich.

Vergleicht man die beiden angegebenen Erhaltungsmethoden beim Material, so ergeben sich je Kubikmeter Stahlbeton folgende Mengen:

Material	Menge TE	Menge EE
Betonabtrag	0,12 m3	0,08 m3
Baustahl	5 kg	
Anodengitter		2kg
Betonauftrag	0,12 m3	0,08 m3

Tabelle 9.1: Vergleich der Verbrauchsmengen bei Erhaltungsmethoden

TE ... traditionelle Erhaltungsmethode

EE ... elektrische Erhaltungsmethode (KKS)

Es zeigt sich somit bei einer durchschnittlichen Erhaltungsmaßnahme, dass ein geringerer Materialaufwand bei der elektrischen als bei der traditionellen Erhaltungsmethode gegeben ist. Auch ist die Wirksamkeit der Erhaltungsmethode mit recht unterschiedlichen Zeitspannen zu erwarten.

Bauwerk	Nutzzeit TE	Nutzzeit EE
Hochbaudecken	50 Jahre	100 Jahre
Brücken	30 Jahre	100 Jahre
Stützmauern	40 Jahre	100 Jahre
Klärbecken	30 Jahre	100 Jahre

Tabelle 9.2: Vergleich der Nutzzeit bei Erhaltungsmethoden

Somit ist nicht nur ein finanzieller Vorteil sondern auch ein entscheidender Vorteil in Bezug auf die Umweltverträglichkeit bei dieser Erhaltungsmethode gegeben.

Anhang

Anhang

Tabellenverzeichnis

5.1	Interpretation der Messwerte der CMS-Elektrode	21
8.1	Anwendungssalter in Jahren von verschiedenen Baustoffen	31
8.2	Gebrauchsdauer von Stahlbeton in Jahren ohne Erhaltungsmaßnahme	31
8.3	Verlängerung der Gebrauchsdauer in Jahren bei traditioneller Sanierung	32
8.4	Verlängerung der Gebrauchsdauer in Jahren bei kathodischem Korrosionsschutz	32
8.5	Herstellungskosten für Stahlbetonbauteile	33
8.6	Kostenanteile beim Lebenszyklus	33
9.1	Vergleich der Verbrauchsmengen bei Erhaltungsmethoden	36
9.2	Vergleich der Nutzzeit bei Erhaltungsmethoden	37

Abbildungsverzeichnis

2.1	Bemessung von Baustoffen	3
2.2	Beton in der Abbindephase	3
2.3	Bemessung von Stahlbeton	4
2.4	Längsschnitt durch einen Stahlbetonbalken	4
2.5	Brückenfuge mit Korrosion	5
2.6	gerissene Spanndrähte infolge Korrosion	5
2.7	Korrosion an Bewehrung	6
2.8	Lochfraß bei Bewehrung	6
3.1	eingestürztes Bauwerk nach einem Erdbeben	7
3.2	Tunnelbrand - explosionsartige Hitzeentwicklung	8
3.3	Stützenfundament einer Seilbahn - zu geringe Überdeckung der Bewehrung	9
3.4	Hallenträger - zu geringe Überdeckung	9
3.5	Lieserschluchtbrücke - durch Karbonatisierung entstandene Korrosion	10
3.6	Schönberg Stützmauer - Korrosion der erdberührten Bewehrung einer Stützmauer	10
3.7	Sachsenbrücke bei der Brenner-Autobahn	11
3.8	Heinrichhof-Brücke in Kärnten	11
3.9	Morandi Brücke - Quelle: Google Earth Pro, Landsat/Copernicus – Grafik: awir	11
3.10	Innbrücke in Hall in Tirol 1996	12
3.11	Messauswertung bei Innbrücke Hall	12
5.1	Messeinrichtung zur Messung von Bauwerksrissen	17
5.2	Verfärbung des Betons bei Einwirken der Phenolphthalinlösung bei pH-Wert 8 - 12	18
5.3	elektrochemischer Vorgang bei Stahlkorrosion	18
5.4	Potentialmessung mit Kupfer-Kupfersulfat-Elekrtode	19
5.5	Potentialmessung Mehrfach-Elektroden am Brückenpfeiler	19
5.6	Auswertung einer Potentialmessung bei Brückenquerträger	20
5.7	Potentialmessung mit CMS-Elektrode bestehend aus Silber-Silberchlorid-Elektrode	20
5.8	Montage der CMS-Elektrode bei einem Brückenpfeiler	21
5.9	CMS-Elektrode bei Ankern am Schönberg - Brenner-Autobahn	21
5.10	Stützen der Gamsgartenbahn (Stubai) deren Anker mit CMS-Elektroden überwacht werden	21
5.11	Messung bei Pfahlüberwachung mit CMS-Elektrode im Stubaital	21
5.12	TDR - Anordnung der Messeinrichtung	22
5.13	TDR - Messergebnis mit Korrosionsstelle	22
5.14	CPMP-Modul mit Datenlogger	22

© Springer Fachmedien Wiesbaden GmbH, ein Teil von Springer Nature 2019
B. Wietek, *Stahlbetonerhaltung*, https://doi.org/10.1007/978-3-658-27709-3

7.1	Prinzip beim Kathodischen Korrosionsschutz (KKS)	25
7.2	Prinzip der elektrischen Schaltung beim KKS	26
7.3	Anodengitter mit Verteilerleitung bei einer Stützenscheibe	26
7.4	Anodengitter bei einer Auskragung einer Brücke	26
7.5	Steuerung der KKS-Anlage bei einer Brücke	27
8.1	Ponte Julien Frankreich erbaut 3 v.Chr.	29
8.2	Holzbrücke in Strengen am Arlberg erbaut 1764	29
8.3	Williamsburg-Brücke in New York erbaut 1903	30
8.4	Nösslachbrücke am Brennerpass erbaut 1967, saniert 1990	30
8.5	Lebenszyklenkosten von Stahlbetonbauten	33
8.6	Lebenszyklenkosten von Stahlbetonbauten über die Zeit	34

Literaturverzeichnis

[1] Uwe Albrecht. *Praxisbeispiele Stahlbetonbau*. Springer-Vieweg, 2011.

[2] Stefan Bahr. *Stahlbetonbau Bemessung – Konstruktion – Ausführung*. Springer-Vieweg, 2017.

[3] W.v. Beckmann. *Handbuch des Kathodischen Korrosionsschutzes*. VCH-Verlag Weinheim, 3 edition, 1989.

[4] W.v. Beckmann. *Messtechnik beim Kathodischen Korrosionsschutz*. Expert Verlag, 3 edition, 1992.

[5] Umwelt Bundesamt. Umwelt- und gesundheitsverträgliche bauprodukte. Technical report, Mensch und Umwelt, 2017.

[6] B.Wietek. Kks in theorie und praxis, 2014.

[7] B.Wietek. Kathodischer korrosionsschutz, 2015.

[8] Bergmeister Konrad, editor. *Beton Kalender*. Ernst u. Sohn, 2016.

[9] Wetzell O. *Wendehorst Bautechnische Zahlentafeln*. Teubner, 2009.

[10] Krapfenbauer R. *Bau Tabellen*. Jugend u Volk, 2014.

[11] Manfred Schröder. *Schutz und Instandsetzung von Stahlbeton*. Export Verlag, 2015.

[12] Inst. f. Wärmetechnik TU-Graz. Ökologisches baustoffkonzept. Technical report, TU-Graz, Inst. f. Wärmetechnik, 2017.

[13] U.Schneider. Brandschäden an stahlbetonbauwerken. Technical report, Uni Kassel, 1988.

[14] Markus Vill. Aspekte zum lebenszyklusorientierten olanen, bauen und erhalten von ingenieurbauwerken. Technical report, Fachhochschulforum der Österr. FH, 2016.

[15] Otto Wommelsdorff. *Stahlbetonbau Bemessung und Konstruktion*. Bundesanzeiger Verlag, 11 edition, 2017.

If you have any concerns about our products,
you can contact us on
ProductSafety@springernature.com

In case Publisher is established outside the EU,
the EU authorized representative is:
**Springer Nature Customer Service Center GmbH
Europaplatz 3, 69115 Heidelberg, Germany**

Printed by Libri Plureos GmbH
in Hamburg, Germany